瘦身・美顏・健康

# 排毒蔬菜湯

## 庄司泉

# 將囤積體內的毒素排除
# 令身體更清爽窈窕！
# 具有排毒作用的
# 蔬菜湯品。

「想瘦身，卻不想餓肚子忍耐」
「想變美，卻沒時間好好照顧自己」
「在意肌膚問題，卻不大敢吃蔬菜料理」
懷有如此苦惱的人們，
最適合嘗試的就是排毒蔬菜湯了！

使用六種蔬菜食材烹調的特製湯品，
想喝幾碗就喝幾碗，喝到飽也沒問題。
排毒蔬菜湯喝得越多，越能藉助蔬菜的力量
將身體不需要的脂肪與水分及廢物
統統排出體外。

一碗蔬菜湯中含有整整 130g 的蔬菜
對於想補充維他命與礦物質的人而言，
也是最適合的攝食管道。
此外，蔬菜湯還對肌膚有諸多益處，是女性的好幫手。
就從今天起，一起來嘗試排毒蔬菜湯吧？

# CONTENTS

## Part.1
## 基底排毒蔬菜湯

8　排毒蔬菜湯
　　基本上使用這六種蔬菜
10　基底排毒蔬菜湯的作法
12　排毒效果 up! 正確飲用排毒蔬菜湯
14　揭開排毒蔬菜湯效果的秘密!

變換各種風味
在湯碗裡烹調出自己喜歡的好滋味

16　酸辣湯風味
17　湯咖哩風味　墨西哥蔬菜湯
18　味噌湯　雞肉清湯
19　醬油清湯　奶油濃湯
20　泰式酸辣湯風味　柚子胡椒湯
21　義式風味蔬菜湯　海味湯
22　對於排毒蔬菜湯
　　感到「傷腦筋!」時的 Q&A

飽足感up!
活用排毒蔬菜湯變身美味料理

24　奶油白醬風味義大利麵
25　咖哩飯
26　以麵麩取代肉類的日式牛肉燴飯

27　豚骨風味拉麵　韓式泡菜粥
28　奶油焗飯
29　中華丼　廣式燴麵
30　燉奶油醬麵包盅
31　法式菜肉濃湯　高麗菜捲
32　COLUMN 01
　　中午的便當也可以是排毒蔬菜湯

## Part.2
## 追加食材!
## 更豪華豐盛的蔬菜湯

34　使用八種輔助食材增加排毒效果

＋酸梅

36　墨西哥風味豆子湯
37　梅乾酸辣湯　梅香法式蔬菜湯
38　以梅子提味的湯咖哩
39　梅子蘿蔔乾即席湯
　　梅醬關東煮

＋生薑

40　豆漿薑湯
41　泰式椰奶湯
42　炒蔬菜湯

43　洋蔥蘿蔔泥濃湯
　　生薑豆腐雜煮湯

＋蒜頭

44　西班牙風味香蒜湯
45　葡萄牙風味綠湯
　　埃及風味國王菜湯
46　黃金即席法式洋蔥湯
47　西班牙冷湯
　　蒜泥豆腐香菇湯

＋芝麻

48　擔擔麵風味香菇湯
49　芝麻醬 & 檸檬風味中東蔬菜湯
50　芝麻紅味噌和風蕃茄燉湯
51　撒上大量芝麻的即席味噌湯
　　什錦蔬菜冷湯

＋辣椒

52　微辣湯餃
53　韓式泡菜湯
　　菜頭與榨菜之中華風味湯
54　蕃茄辣豆湯
55　七味辣椒和風煮物湯
　　蕃茄泥韓式風味湯

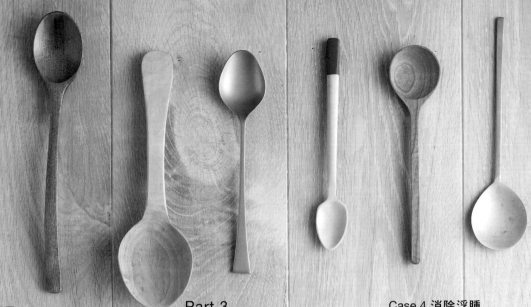

＋寒天

56 田園蔬菜黃芥末奶油濃湯
57 香濃豆漿鍋
58 冬粉仿魚翅湯
59 高麗菜 & 白蘿蔔薑味濃湯
　　豆腐洋蔥香菇羹

＋糙米・雜糧

60 香菇小米玉米湯
61 米魚丸異國風味湯
62 白蘿蔔粟米冬粉湯
63 高麗菜豆腐燕麥湯
　　高麗菜香菇燕麥蕃茄燉湯

＋海帶芽

64 海帶芽仿蛋花湯
65 蕃茄海帶芽義式味噌湯
　　海帶芽素餛飩湯
66 蔬菜海帶芽韓風豆漿濃湯
67 海帶芽地瓜湯
　　炒海帶芽香濃味噌湯
68 COLUMN 02
　　排毒蔬菜湯的冷凍保存訣竅

Part.3
針對不同煩惱設計！排毒蔬菜湯

Case 1 虛寒體質

70 味噌關東煮風味根莖蔬菜湯
71 以凍豆腐取代的蔘雞湯
72 肉桂風味南瓜濃湯
73 酒釀生薑暖暖味噌湯
　　根莖蔬菜酒煮湯

Case 2 便秘

74 料多味美蒟蒻味噌湯
75 牛蒡濃湯
76 什錦菇類洋蔥味噌濃湯
　　洋蔥香菇印度風味湯
77 木耳白蘿蔔湯　豆腐渣燉湯

Case 3 皮膚狀況不佳時

78 蕃茄即席大豆味噌湯
79 鹿尾菜義大利清湯
　　蕃茄檸檬維他命湯
80 酪梨濃湯
　　白木耳香菇美顏湯
81 酪梨墨西哥風味湯

Case 4 消除浮腫

82 紅豆濃湯
83 蘋果濃湯

Case 5 消除疲勞

84 豆腐香菇酸醋湯
85 山藥泥蕃茄濃湯

Case 6 腸胃不順時

86 蘿蔔泥與納豆佐粥
87 高麗菜泥豆漿濃湯

Case 7 感覺壓力大時

88 和風洋蔥焗湯
89 海苔納豆湯
　　洋蔥糙米高纖味噌湯

Case 8 有感冒徵兆時

90 雙蔥即席味噌湯
91 南瓜豆漿暖暖湯

Case 9 髮質乾燥時

92 菠菜豆腐咖哩湯
93 焗烤湯
94 COLUMN 03
　　週末特製排毒湯食譜

# 書中食譜的參考原則

recipe rules

＊若無特別註明時，材料皆為一人份。
＊1大匙為15ml，1小匙為5ml，1杯為
　200ml。1把表示以拇指、食指與中指抓
　起一撮時的份量。
＊微波爐的加熱時間以500W的機種為基準。

staff（日文原書）

料理／庄司泉
美術設計／細山田光宣、天池聖（細山田設計事務所）
攝影／佐山裕子（主婦之友社攝影課）
造型／中井昌子
烹調助手／中村三津子
編輯／山田良子（主婦之友社）

# Part.1
# 基底排毒蔬菜湯

使用隨處皆可購得的六種基礎食材，咕嘟咕嘟地燉煮出特製的蔬菜湯基底。
蔬菜的甘甜徹底滲入湯汁，光是這樣就好吃得令人心滿意足。
更棒的是，這樣的蔬菜湯能讓人越喝越苗條，越美麗！

藉助蔬菜食材的力量，排出體內毒素！

# 排毒蔬菜湯
# 基本上使用這六種蔬菜

乾蘿蔔絲、白蘿蔔（菜頭）、香菇、蕃茄、洋蔥以及高麗菜。只要將這六種食材切細燉煮，就完成了基礎的排毒蔬菜湯。

開始飲用排毒蔬菜湯後，第一件令人驚訝的事就是上廁所的間隔時間變短了。也因為蔬菜湯具有如此的利尿作用，當臉部或手腳浮腫時，喝排毒蔬菜湯馬上就能消腫。這都是因為蔬菜中含有豐富鉀質的緣故。

此外，只要每天持續的喝，也能改善便秘的情形。大家都知道便秘是美容大敵，不只會形成鼓脹的小腹，宿便停留在大腸裡還會吸收過剩的營養和水分，是造成肥胖的原因之一。同時，更因為宿便吸收了體內毒素而造成皮膚長面皰、疙瘩等，使皮膚狀況不佳。更嚴重的情形將會造成血液混濁、體質虛寒、肩膀僵硬、各種生活習慣病症等惱人的健康問題。

但是富含食物纖維的蔬菜湯，卻能幫助我們解決這討厭的便秘問題。

### 乾蘿蔔絲

白蘿蔔的營養盡皆濃縮其中。鉀質是白蘿蔔的 14 倍，鈣質則是 23 倍，且每 10g 就有 2.1g 的食物纖維！不只如此，更濃縮了食材本身的甘甜，可用來熬湯。

### 白蘿蔔

富含消化酵素（消化酶 Diastase），能促進腸胃活化蠕動，有助於排毒。吃太多大魚大肉時，白蘿蔔就是腸胃的好朋友。也含有豐富維他命 C。

### 香菇

含有能降低血液中膽固醇的普林化合物（eritadenine），此外香菇豐富的食物纖維能夠預防便秘。多醣體則能提昇免疫力，預防癌症。

一碗排毒蔬菜湯中能攝取到的蔬菜約有130g。湯中加入了食物纖維特別豐富的乾蘿蔔絲或香菇，是預防便秘最好的武器。

不只如此，這碗湯中還組合了數種具有高排毒效果的蔬菜，所以對減肥瘦身也相當有好處。例如白蘿蔔的成份「解脂酵素（Lipase）」能分解中性脂肪；洋蔥中的硫化物能促進膽固醇的代謝；蕃茄富含維他命 B6，能幫助脂肪代謝等等……藉由這六種食材的相乘效果，吃得越多就越能幫助身體代謝掉囤積的脂肪，形成易瘦體質。

不過對身體再好的東西，如果不好吃就難以持續。排毒蔬菜湯由於充滿了蔬菜的美味成份，所以能一邊享用好喝的湯，一邊讓身體變得窈窕又有活力，堪稱最為兩全其美的方法。請大家務必嘗試看看喔。

### 蕃茄

含有豐富的維他命 C 與 A，以及能幫助脂肪代謝的維他命 B6、以及能促進鹽分排出的鉀質。此外檸檬酸成份則加強了新陳代謝。

### 洋蔥

硫化物與維他命 B1 幫助吸收，也活化新陳代謝。硫化物還有提高肝臟脂肪代謝的效果。此外洋蔥也有降低血中膽固醇的功效。

### 高麗菜

富含能守護胃黏膜的維他命 U、維他命 C、鈣質以及豐富的食物纖維。另外還有名為硫配醣體（Glucosinolate）的成份，能活化肝臟的解毒機能！

# 基底
# 排毒蔬菜湯
# 的作法

材料全部切碎後，
放入鍋中加水，
咕嘟咕嘟地燉煮即可。
若燉煮的時間短，
可留下蔬菜的清脆口感；
而將燉煮的時間拉長，
煮成柔滑的濃湯又是另一種美味。
那麼就讓我們
趕緊來準備材料
煮出基底排毒蔬菜湯吧！

| **材料** | 乾蘿蔔絲…1/2 杯 | 洋蔥…1 顆（200g） |
|---|---|---|
| | 白蘿蔔…6cm（200g） | 高麗菜…4 片（200g） |
| | 香菇…200g | 水…5 杯 |
| | 蕃茄…大型 1 顆（200g） | |

# 1. 切

將蔬菜切成一口大小。香菇去蒂對半切或切成 1/4 大小。接著清洗乾蘿蔔絲後簡單切碎。

# 2. 煮

將 1 的材料全部放入大口鍋中，加入水後開始加熱。煮開後，當蔬菜達到自己理想的軟度便可加入蕃茄燉煮。煮 5 ～ 6 分鐘能保持蔬菜一定硬度與口感，做成「有咀嚼口感的湯」；而煮 20 ～ 30 分鐘則會擁有一鍋口感柔滑溫順的飲用湯品。這都可隨個人喜好決定。

# 3. 裝進容器調味

從 2 之中取 1 杯左右的湯料放進湯碗中試吃。光是如此蔬菜的鮮甜已經足夠美味了，因此怕浮腫的人可以不必再加鹽調味，直接食用即可。若是想品嚐各種不同的滋味，可裝滿湯碗後試試看 P16 ～ P21 的調味方式。

排毒效果up!
正確飲用
排毒蔬菜湯

# 提高排毒效果的 3 要點

喝排毒蔬菜湯沒有什麼麻煩或困難的規定。因持續的外食而感到身體浮腫;有便秘情形;或在意體重上升等等……只要開始覺得「身體內似乎累積了毒素」時,就快準備一大鍋的排毒蔬菜湯吧。

基本上只要遵守一天至少有一餐食用蔬菜湯,並且持續一週的規則就可以了。如果情況許可的話,一天 2 到 3 餐都食用蔬菜湯更好,當然若想持續超過一週也沒有問題。又或是喝了一個禮拜後,感覺體內變清爽了而想要中斷,等下次又在意身體狀況時重新再喝也可以。請配合自己的身體狀況與食慾來做調整。

---

## 1 飯前喝一碗湯

排毒蔬菜湯在一天早晨、中午或夜晚都可以喝。三餐都喝也可以,如果經常外食的人一天只有一餐能喝也沒關係。不過只有一點絕對要遵守,那就是一定要在進食前先喝一碗湯。覺得很好喝而想多喝幾碗也可以,但一定要先喝湯之後再吃其他的食物。

---

## 2 想吃飯或配菜都是OK的

喝完湯之後,可以自由享用其他飯菜。想吃魚或肉都OK。不過請盡可能用蒸煮等清爽的烹調方式來取代油炸食物。如果可以的話,比起全部都吃白米飯,建議可以加入雜糧米或糙米等富含食物纖維的穀類作為主食。不過,其實不需在意繁瑣的規定,只要餐前喝一碗湯滿足空腹感,自然就不會吃太多東西了。

---

## 3 「只喝湯」當然也OK,但是一天至少必須吃一次其他食物

排毒蔬菜湯可以無限量喝。像 P16 後所介紹的那樣,嘗試各種烹煮與調味方式煮好喝的湯,可能會情不自禁的喝上好幾碗吧。因為喝湯而有了飽足感,不想再吃其他東西當然不用勉強,不過考慮到營養均衡,一天裡至少必須確實攝取一次碳水化合物及蛋白質喔。

# 揭開排毒蔬菜湯
# 效果的秘密！

## 充分的食物纖維，向便秘體質說再見

裝滿一碗湯大約有 200ml。使用大量蔬菜的排毒蔬菜湯，其中蔬菜便佔了 130g。每個人一天所需的蔬菜量約為 350g，排毒蔬菜湯一天只要喝上三碗就能輕易達成這個數字了。湯中放有食物纖維豐富的乾蘿蔔絲、香菇以及白蘿蔔，能暢快消除便秘，也可以和鼓脹的小腹說再見囉。

Reason
1

## 只要能改善便秘，就能打造易瘦體質！

Reason
2

一旦便秘體質獲得改善，身體就會變得不易發胖。這是因為如果便秘的話，腸子裡長期囤積老廢物質，容易吸收過多營養與脂肪，結果就是造成肥胖，血液也變得混濁。而藉由飲用排毒蔬菜湯改善便秘體質後，身體不需要的營養便能持續排出體外。如此一來，就算吃了一樣多的東西，身體也不容易發胖了。

## 血液清乾淨，提昇代謝力

Reason **3**

當老廢物質能順利排出體外，血液就會變得清澈乾淨。血液一旦乾淨了，就能將氧氣與營養順暢地輸送給全身細胞，活化新陳代謝。不只對減肥有利，肌膚也將變得有彈性，頭髮充滿光澤，可說好處多多。除了可以延緩老化，讓血液通暢地被輸送到四肢末端，更能改善虛寒體質及解決手腳冰冷的煩惱。

## 鉀質有助於消除水腫，打造一雙美腿

Reason **4**

排毒蔬菜湯的優點不只在於豐富的食物纖維。因蔬菜中含有許多鉀質，這也是能促進排毒的良好營養素之一。人體為了使體內鈉濃度維持在定量，當體內鹽分過多時便會發揮機制，在體內囤積水分。而排毒蔬菜湯中的鉀質能將鈉排出體外，這也就是飲用排毒蔬菜湯之後，浮腫能馬上獲得改善的原因。

## 六種蔬菜食材的相乘作用，效果更高！

Reason **5**

排毒蔬菜湯的六種蔬菜食材，每一種都具有很高的排毒功效。人體代謝脂肪的功能由肝臟負擔，而排毒蔬菜湯中的洋蔥和高麗菜、蕃茄都能提高肝臟機能；加上活化腸胃蠕動的大量白蘿蔔與乾蘿蔔絲及香菇，六種蔬菜的相乘作用使排毒蔬菜湯喝得越多，就越能幫助形成不囤積脂肪與毒素，代謝良好的體質。

變換各種風味

# 在湯碗裡烹調出
# 自己喜歡的好滋味

排毒蔬菜湯調味時不是往整鍋湯中添加調味料，

而是盛到湯碗之後再一一進行調味。之所以要這麼做，

是因為若整鍋都用同一種方式調味，則不管喝幾碗都只能喝到相同的滋味，

如此一來就算湯再好喝也很容易喝膩。

因此，調味就等裝盛出來後再個別進行吧。

首先將調味料放入碗中，再將熱騰騰的排毒蔬菜湯舀進碗裡攪拌均勻。

用這樣的方式，就能變化出許多不同種類的口味，

而且不管喝幾碗都不會膩。

**使用檸檬 + 鹽**

# 酸辣湯風味

在湯碗中放入 1 小匙檸檬汁，少於 1/4
小匙的鹽，再趁熱注入 1 杯排毒蔬菜湯
攪拌均勻。依個人喜好，還可加青蔥末、
辣油或胡椒等增添風味。

**使用咖哩粉 + 醬油**

# 湯咖哩風味

在湯碗中放入 1/2 小匙咖哩粉,少於 1 小匙的醬油,再注入 1 杯熱騰騰的排毒蔬菜湯攪拌均勻。

**使用辣椒粉 + 檸檬**

# 墨西哥蔬菜湯

在湯碗中放入 1/2 小匙辣椒粉,2 小匙檸檬汁以及少於 1/4 小匙的鹽,再趁熱注入 1 杯排毒蔬菜湯攪拌均勻。如果有香菜的話,添加一點也很搭。

## 味噌湯

在湯碗中放入 2 小匙味噌,再注入 1 杯
熱騰騰的排毒蔬菜湯攪拌均勻。適量撒
入一些細切蔥花也不錯。喜歡吃辣的話,
可再撒上一點七味辣椒粉。

**使用日式酸橘醋**

## 雞肉清湯

在湯碗中放入 1/2 大匙酸橘醋後,趁熱
注入 1 杯排毒蔬菜湯攪拌均勻。最後撒
上切細的青蔥花也不錯喔。

18

# 醬油清湯

在湯碗中放入 1 小匙醬油，再注入 1 杯
熱騰騰的排毒蔬菜湯。最後撒上一點切
細的白蔥絲也很不錯。

使用豆漿 + 醬油

# 奶油濃湯

在湯碗中放入 50ml 豆漿與 1 小匙醬油
後，注入熱騰騰的排毒蔬菜湯 150ml。

使用酸梅 + 辣油
# 泰式酸辣湯風味

事先用菜刀去籽後將 1 顆酸梅與 1/2 小
匙辣油一起放入湯碗中,再依個人喜好
放入蒜泥,最後注入 1 杯熱騰騰的排毒
蔬菜湯攪拌均勻。可再撒點香菜。

使用柚子胡椒 + 醬油
# 柚子胡椒湯

在湯碗中放入 1/4 小匙柚子胡椒與 1/2
小匙醬油後,趁熱注入 1 杯排毒蔬菜湯
攪拌均勻。如果手邊有焙煎過的芝麻和
切細的青蔥花也可於最後加上。

使用**蕃茄醬** ＋ **羅勒葉**
# 義式風味蔬菜湯

在湯碗中放入 2 小匙蕃茄醬和 1/2 小匙
乾燥羅勒葉及 1/2 小匙橄欖油，將排毒
蔬菜湯趁熱注入攪拌均勻即可。

使用**青海苔** ＋ **鹽**
# 海味湯

在湯碗中放入 2 小匙青海苔和少於 1/4
小匙的鹽，再將 1 杯排毒蔬菜湯趁熱注
入碗中攪拌均勻即可。

# 對於排毒蔬菜湯
# 感到「傷腦筋!」時的Q&A

晚飯經常都是外食，實在很難找到機會在晚餐前喝湯。

因為加班或應酬的緣故，晚餐很少能在家裡吃。這樣的人想在晚餐時段飲用排毒蔬菜湯的確是很困難。

在這種情形之下，建議晚餐就在外好好享用，把排毒蔬菜湯留到早餐時飲用吧。

因為外食的晚餐很容易缺乏蔬菜類的攝取，早晨喝一杯排毒蔬菜湯，正好能夠補充身體所需的蔬菜，同時吃多了油膩的外食之後，早餐若飲用清爽的蔬菜湯也能讓腸胃休息一下，正可以說是一箭雙鵰。

先做起來放也是OK的喔。如P11的份量大約是3～4餐份，如果以一天只喝一餐來計算的話，做一次之後，接下來的3～4天就可以不用做了。如果一天能喝到2～3次的話，就需要一次做大量一點，可以使用大鍋子多做一些起來放。

不過，基底排毒蔬菜湯因為不加任何調味，所以無法保存太久。

預先做起來放的蔬菜湯，一天至少要徹底加熱過一次後，等放涼了再裝進保存容器內，放入冰箱冷藏。

這種湯，必須每天下廚做嗎?

其他都買齊了，就是洋蔥買不到……所以今天也無法做蔬菜湯了！

可別這樣就放棄喔。選擇這六種蔬菜，是基於讓材料發揮最大效果的考量，並非一定要湊齊不可。冰箱裡有什麼蔬菜就用什麼，也是行得通的。

當然，替代的蔬菜請盡可能選擇和六大類蔬菜種類相近的更好。像是用青蔥取代洋蔥，用蕪菁取代白蘿蔔，用鴻喜菇取代香菇等等。既然是同種類的蔬菜，營養素與效果當然也相近，一樣能充分期待它們發揮的排毒功效。

三餐老是在外，導致體重直線上昇，不如今天晚餐就只喝蔬菜湯吧。明明已經如此決定了，餓扁的肚子卻是咕嚕咕嚕的毫不滿足……

這時，也不需勉強自己。只要按照 13 頁所說明的，首先在飯前先喝下一碗排毒蔬菜湯，接下來想吃什麼都是 OK 的。

還有一個辦法，就是多花一些心思，為基底排毒蔬菜湯增加配料，就能搖身一變，成為份量十足的美食囉！肚子特別餓的日子，可以參考 24 ～ 31 頁的食譜做變化。

飽足感 up!

# 活用排毒蔬菜湯
# 變身美味料理!

今天雖然想喝湯來取代一餐,肚子卻餓得不得了,想吃很多東西啊!
接下來要為各位介紹的,就是在此時可派上用場的妙招。只要在基
底排毒蔬菜湯中稍微增添一些食材,那麼不管是拉麵、牛肉燴飯、
高麗菜捲等等……類似的口味什麼都做得出來。而且不管哪一種都
是 100% 植物性、低卡路里的健康餐點。只要稍微花一點心思,就
能立刻吃到份量十足的美味,是不是很令人開心呢?

**使用豆漿增加口感份量!**

## 奶油白醬風味
## 義大利麵

1　將 1/2 杯基底排毒蔬菜湯加上 1/2 杯
豆漿、1 小匙麵粉、2 小匙白味噌一起放
入鍋子裡均勻攪拌,直到麵粉溶解後開
始加熱。

2　一邊加熱一邊攪拌,等到整體呈現濃
稠狀後熄火。

3　將 2 淋在燙熟的 70g 義大利麵上均
勻攪拌後即可裝盤。可隨自己喜好撒上
一點胡椒。

即使沒有肉類也香甜滿點！

# 咖哩飯

1 將 1 顆馬鈴薯切成一口大小，煮至鬆軟備用。

2 將1的馬鈴薯與1杯基底排毒蔬菜湯、1 小匙麵粉、1/2 大匙咖哩粉、多於 1 小匙的醬油、1 小匙蠔油、1 小匙烏斯特黑醋醬（Worcestershire sauce）與 1 小匙蕃茄醬、1/4 小匙蒜泥一起放入鍋中，攪拌均勻直到麵粉溶解後開火加熱。

3 一邊加熱一邊攪拌，等到整體呈現濃稠狀後，即可淋在白飯上裝盤。

使用麵麩增量，吃出飽足感！

# 以麵麩取代肉類的
# 日式牛肉燴飯

1　乾的大麵麩 1 個，事先泡水復原後，將多餘水分擠乾，切成一口大小，放入鍋中。

2　將 1 杯基底排毒蔬菜湯、1 大匙蕃茄醬、1 小匙烏斯特黑醋醬與 1/2 小匙麵粉加上一片月桂葉一起入鍋後，點火加熱。煮開後轉弱火燉煮 3 分鐘即可熄火。

3　裝盤淋在白飯上，如果有青豌豆的話也可撒一些做為點綴。

没想到即席也能做出這樣的味道！

# 豚骨風味
# 拉麵

1  將 1 杯基底排毒蔬菜湯和 1/2 杯豆芽菜、2 小匙味噌以及 1 大匙研磨白芝麻一起放入鍋中加熱，湯煮開後轉中火繼續煮 1 分鐘。

2  趁豆芽菜尚保持清脆口感時，加入 50ml 的豆漿，略為加溫即成為湯頭。

3  將燙好的中式麵條放在碗中，淋上湯頭，再依喜好撒上一點蔥花或切細的紅薑即可。

份量十足，吃了身體暖烘烘

# 韓式泡菜粥

1  將 1 杯基底排毒蔬菜湯分成湯頭與配料。做配料使用的部份將食材都切細。

2  將 1/4 杯韓式泡菜也切成容易食用的大小，和湯頭、配料以及 1/2 小匙醬油、1/2 杯白飯一起放入鍋中，以中火加熱，煮開後轉弱火燉煮 2 分鐘後熄火即告完成。

**口感綿滑的焗烤飯也這麼簡單**

# 奶油焗飯

1　將基底排毒蔬菜湯與豆漿各 1/2 杯、白味噌 2 小匙、麵粉 1 小匙一起放入食物處理機中攪拌至綿滑泥狀。

2　將一人份的白飯與切碎的洋蔥 1/6 個、冷凍玉米粒 1/4 杯以及青豌豆 2 大匙先以適量食用油炒過後，加一小撮鹽與 1 大匙蕃茄醬調味。

3　在耐熱容器中鋪上一層 2 的炒飯，再倒入 1 以基底湯做成的泥狀食材，最上層撒上麵包粉後送入 240 度烤箱烤 10 分鐘。

## 無論肚子多餓都能滿足

# 中華丼

1 　將 100g 鴻喜菇的蒂頭切乾淨，撕開成易於食用的大小，與 1 杯基底排毒蔬菜湯、1 大匙酒、1 小匙醬油一起放入鍋中加熱。

2 　煮開後持續煮 1～2 分鐘，等鴻喜菇變軟後以適量太白粉勾芡，放在白飯上做成丼飯即可。也可依個人喜好滴上幾滴麻油增添風味。

## 使用麵線代替麵條也不錯

# 廣式燴麵

1 　將 70g 麵線燙熟，維持濕度並以 1 小匙麻油均勻淋在麵線上後，送入 220 度烤箱烤約 10 分鐘，呈現金黃酥脆。

2 　將切細的青椒 1 顆以適量麻油略炒後，加入 1 杯基底排毒蔬菜湯，再加上兩片豆腐皮（若使用乾燥腐皮需事先以水泡開備用）煮開。

3 　加入醬油與醋各 1 小匙調味，再以適量太白粉勾芡，最後淋在烤得脆脆的麵線上就完成了。

將熱熱的奶油醬注入麵包中

# 燉奶油醬麵包盅

1　將1杯基底排毒蔬菜湯和1小匙麵粉、
1/2杯豆漿以及1大匙白味噌放入鍋中，
用打泡器攪拌混合，直到麵粉全部溶解。

2　將1加熱後，放入川燙過的適量青豌
豆再繼續燉煮至呈濃稠狀。選擇喜歡的
麵包挖空後，舀入煮好的奶油醬汁即可
食用。

**蔬菜做的香腸令人驚奇！**

# 法式菜肉濃湯

1 從 1 杯基底排毒蔬菜湯中，取出 50ml 乾蘿蔔絲及切細的高麗菜、洋蔥等，切得更細碎後放入碗中。

2 先將一塊大麵麩研磨成粉，與 1.5 大匙太白粉一起加入碗中，以上材料充分攪拌均勻後，塑整成香腸形狀。

3 將留下大塊湯料的基底排毒蔬菜湯放入鍋中，加一小撮鹽後開火加熱。

4 煮開後放入 2 的香腸，蓋上鍋蓋用弱火蒸煮 4～5 分鐘，裝盤後可搭配黃芥末食用。

**甘甜美味的正式料理**

# 高麗菜捲

1 將 1 杯基底排毒蔬菜湯分成湯頭與湯料，所有湯料都切細後放入碗中。

2 將 1/2 個乾燥的凍豆腐研磨成粉後加入碗中，另加入 2 小匙太白粉攪拌搓揉後，用水煮 2 分鐘的 2 片高麗菜葉分別捲起。

3 將 2 放入鍋中注入湯頭，加 1/4 小匙鹽、1 片月桂葉，加上蓋子慢火燉煮。

4 湯汁若煮乾則再加入基底排毒蔬菜湯的湯頭（或加清水亦可）繼續燉煮，直到高麗菜菜葉變軟後再熄火。

# 中午的便當
# 也可以是排毒蔬菜湯

晚餐時希望能盡情開心約會，或在餐廳享用自己喜歡的食物。
這樣的日子，推薦大家在午餐時享用排毒蔬菜湯吧。
可直接將在家中做好的蔬菜湯當成便當帶出門，在外也有辦法
喝到剛做好、熱騰騰的排毒蔬菜湯。
依據辦公室環境與烹食條件的不同，以下介紹各種享用蔬菜湯
的午餐方式。

---

## 1. 辦公室沒有微波爐也沒有熱水瓶

如果遇到這種情況，就在家裡事先做好蔬菜湯，用便當容器帶出門吧。因
為冷掉的湯實在不是很好喝，所以請盡可能使用有保溫效果的容器。只要
是配料十足的排毒蔬菜湯，配上一點餅乾就能擁有相當飽足感了。

左圖・膳魔師真空斷熱保溫罐 白色（0.36ℓ）售價 3675 日圓／THERMOS
右圖・PRIMUS 超輕不鏽鋼真空食物保溫罐（0.35ℓ）售價 3045 日圓／PRIMUS

---

## 2. 辦公室中有微波爐

只要有微波爐，就能在午餐時間享
用剛做好熱騰騰又份量十足的蔬菜
湯囉。早上出門前先將蔬菜切好，
和調味料一起放進微波加熱用的容
器中，午休時只要按下微波爐就行
了！若搭配麵包一起吃，更是一份
令人心滿意足的午餐。

**隨意切過的蔬菜作成義式蔬菜湯**

1/2 顆洋蔥（100g）、蕃茄 1 顆（200g）、青
椒 1 個。以上蔬菜隨意切過後放入保存容器，
再加入 1 小匙蕃茄醬、1/4 小匙鹽以及 1 小匙
橄欖油後蓋上密封蓋帶出門。午餐時間到了，
只要加入 50ml 的水，蓋上保鮮膜後微波加熱
5 分鐘左右或等蔬菜變軟就 OK 了。

**加入蔬菜與乾蘿蔔絲的咖哩湯**

1 片高麗菜（50g）、1/2 顆洋蔥（100g）、2
朵香菇（40g）。以上食材切細，再將一把乾
蘿蔔絲洗淨切易食用大小，一起放保存容器，
加 1/2 大匙醬油與 1 小匙咖哩粉後蓋上密封
蓋帶出門。食用前加 150ml 水，包上保鮮膜
後微波加熱 5 分鐘或等蔬菜變軟為止。

---

## 3. 辦公室中有熱水瓶

如果辦公室環境能取得燒開的熱
水，那麼只要準備好用滾水一沖就
能食用的湯料，到了午餐時間也就
能有熱騰騰的蔬菜湯可喝了。因
為份量不像使用微波爐加熱時那
麼多，所以可以喝湯搭配麵包或飯
糰，或加上外帶沙拉也不錯喔。

**蕃茄與洋蔥即席湯**

1/4 顆蕃茄（50g）切 1cm 塊
狀，洋蔥 1/6 顆（30g）切薄
片。放保存容器中並撒上 1/4
小匙鹽與 1 小匙橄欖油。要
吃前將食材都移到馬克杯中，
再注入 1 杯熱水沖成熱湯。

**白蘿蔔與酸梅即席湯**

將白蘿蔔 30g 切絲，和拍扁
的酸梅肉 1 顆一起充分揉搓
後放進保存容器。午餐時間
放進馬克杯，注入 1 杯熱水
沖成熱湯，也可加入切細的
紫蘇葉增添風味。

**高麗菜速食湯**

一小片高麗菜（30g）切成細
絲，加上 1/2 小匙昆布茶粉仔
細搓揉過後放入保存容器。午
餐時間再將食材放入馬克杯並
加入 1 杯熱水沖開即告完成。

---

Part.2

# 追加食材！
# 更豪華豐盛的蔬菜湯

當感到有些喝膩基底排毒蔬菜湯時，
或想在短期內一決勝負，早日排出體內毒素，以及想快點變瘦時——
這時，可以加入一些提昇基底湯六大素材效果的
特別追加食材，再度組合出各種不同的美味好湯。

# 使用八種輔助食材
# 增加排毒效果

　　基底排毒蔬菜湯中的六大蔬菜，雖是各具不同效果，經過全方位衡量所選出，對排毒具有顯著效果的食材，但每次製作基底湯時，並不是一定要六種食材齊全不可。此外，除了基底湯之外，當然也可加入自己喜歡的蔬菜或豆類、豆腐等來增加份量，或是當六種食材無法湊齊時，也可以使用其他蔬菜替代。調味或辛香料也可以隨自己喜好做增添。

　　像這樣自行調整組合時，當然希望增加的食材也盡可能的使用排毒效果高的種類。此外，例如生薑或辣椒這類辛香料也有各自不同的效能，這些都可以考慮進去。生薑促進血液循環，能溫熱身體刺激新陳代謝，在幫助瘦身上也具有良好效果。辣椒中的辣椒素亦能提高新陳代謝，一樣是對瘦身具有效果的食材。

　　另外也推薦加入低卡路里而膳食纖維豐富的食材。例如：海帶芽等海藻類，或是菇類、蒟蒻等……都是不錯的選擇。糙米與雜糧類中也含有豐富膳食纖維，是營養豐富的食材。

　　在此介紹能輔助基底排毒蔬菜湯的六大食材，提昇排毒效果的八種食材。只要能妥善加以運用，就能令蔬菜湯的排毒效果更好。每一種各有不同功效，請選擇適合自己的輔助食材來使用吧。

**酸梅**

具有強力殺菌效果，防止來不及消化的食物滯留於體內腐敗。酸梅內含檸檬酸能促進肝臟機能，提高排毒效果。

**海帶芽**

含有豐富水溶性食物纖維能消除便秘。此外還具有能妨礙膽固醇吸收、幫助排出體內多餘鈉質的效果。

### 芝麻

幫助肝臟代謝脂肪與酒精成份。富含維他命 E 與鈣質，鐵質也很豐富，還有鉀質，具有能消除水腫的效果。

### 生薑

生薑中的辛辣成份「薑酮」具有促進血液循環、活化新陳代謝的效果。幫助排汗所以也能消除水腫，刺激內臟的運作。

### 寒天

具有豐富膳食纖維。100g 寒天就有 74.1g 的膳食纖維！能在肚子裡膨脹，拉長飽足感，卡路里超低，叫人不愛也難啊。

### 大蒜

含豐富的蒜素，能和人體內的維他命 B1 結合，具有消除疲勞的效果。此外還有預防血栓、促進脂肪分解以及抗癌的效果！

### 辣椒

辣椒的辛辣成份「辣椒素」能夠刺激交感神經，促進腎上腺素分泌，活化能量代謝。是最適合輔助瘦身的食材。

### 糙米．雜糧

富含多量膳食纖維，維他命 E 能淨化血液。糙米和雜糧更含有豐富醣類與蛋白質，加入蔬菜湯一起食用營養更均衡！

# 對肝臟有益的輔助食材

# ＋酸梅

除了具有殺菌作用外，也是對肝臟大有益處的食材。
酸味對消除疲勞很有幫助，疲倦感重的日子裡，
就很適合在基底蔬菜湯裡加入酸梅提味。
加在蕃茄湯底或咖哩中，怕酸的人也敢吃哦

有點酸有點辣的風味！

# 墨西哥風味
# 豆子湯

材料

洋蔥…1/4 顆（50g）

蒜頭…1 瓣

蕃茄…1/2 顆（100g）

紅豆（水煮無糖）…1/2 杯

酸梅…1 小個

油…適量

小茴香粉…1/4 小匙

辣椒粉…1/4 小匙

水…1 杯

1 洋蔥大致切碎，蒜頭切碎，蕃茄切小塊。

2 熱油後倒入 1 的洋蔥與蒜頭拌炒，等洋蔥炒出光澤即可加入蕃茄繼續炒，並放入水和紅豆、酸梅。

3 用筷子敲碎酸梅讓梅子肉破碎散開，繼續煮 4～5 分鐘後，加入小茴香粉與辣椒粉。嚐嚐味道如果不夠重就再加點鹽補足，熄火。

對付疲勞最有效的酸辣湯

# 梅乾
# 酸辣湯

材料

香菇…3 朵（50g）

青蔥…1/3 根（40g）

酸梅…1 顆

乾燥海帶芽…1 把

水…1 杯

醋…1 小匙

辣油…適量

1　將香菇切薄片，青蔥斜切段。酸梅去籽並以菜刀拍扁。

2　將 1 的香菇與青蔥、酸梅肉和乾燥海帶芽以及水一起放入鍋中加熱。煮開後轉弱火燉煮 2～3 分鐘，等青蔥軟化即可熄火。

3　先在碗中放入醋再注入 2 的湯，最後依照喜好添加一點辣油即可。

甜美的梅子湯頭不需另外熬湯

# 梅香法式蔬菜湯

材料

白蘿蔔…1.5cm（50g）

洋蔥…1/4 顆（50g）

紅蘿蔔…1/4 根（50g）

油豆腐…100g

蒜頭…1 瓣

水…1 杯

酸梅…大的 1 顆

1　白蘿蔔去皮後切成一口大小。洋蔥與紅蘿蔔也切成一口大小。油豆腐擠掉多餘油份後切成一口大小。蒜頭切成薄片。

2　將所有材料放入鍋中加熱。用筷子戳戳酸梅使梅肉破碎散開，煮開後轉弱火繼續燉煮 20～30 分鐘。等蔬菜都變軟了即可熄火完成。

連不愛吃酸的人都喜歡

# 以梅子提味的
# 湯咖哩

材料

高麗菜…1 片（50g）

洋蔥…1/4 顆（50g）

蕃茄…1/2 顆（100g）

酸梅…1 顆

醬油…1 小匙

咖哩粉…1 小匙

水…1/2 杯

1　高麗菜切成一口大小，洋蔥也切成不規則狀的一口大小，蕃茄隨意切塊。

2　將所有材料放入鍋中加熱。用筷子戳戳酸梅使梅肉破碎散開，煮開後轉弱火繼續燉煮 4～5 分鐘即可熄火完

## 熱水一沖馬上就能喝
# 梅子蘿蔔乾
# 即席湯

材料
乾蘿蔔絲…1 把
酸梅…1 顆
蒜泥…些許
熱開水…150ml

1　將乾蘿蔔絲洗乾淨切成易於食
用的大小。酸梅去籽用菜刀拍扁。

2　在碗中放入 1 的乾蘿蔔絲和酸
梅,再放入蒜泥後注入熱開水。如
果手邊有青蔥的話也可切細撒一
些。

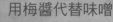

## 用梅醬代替味噌
# 梅醬關東煮

材料
白蘿蔔…6cm(200g)
蒟蒻…120g
高湯用昆布…5cm
水…1.5 杯　酒…1 大匙
醬油…1/2 小匙
a｜酸梅(去籽後用菜刀拍扁)…2 顆
　｜洋蔥(切碎)…1 大匙

1　將白蘿蔔切成 3cm 厚的半月形。
蒟蒻切成三角形。使用 a 的材料作成
梅醬備用。

2　鍋中放入高湯用昆布,加入 1 的
白蘿蔔和蒟蒻,再放入水後開始加熱。
煮開後加入酒與醬油轉弱火煮 30 分
鐘,直到白蘿蔔變軟即可熄火。

3　將 2 裝入食器中,並搭配 1 中預先
最好的梅醬食用。

# 讓身體馬上暖烘烘的魔力！

# ＋生薑

寒體質的人建議可在湯中加入生薑。
生薑具有良好的促進血液循環效果，
一喝下馬上就能感覺身體暖烘烘的。
使用無糖豆漿做為湯底再加入生薑，
或將生薑加在歐式湯品中也不錯。
怕辣的人可以控制在少量範圍內使用。
如果不怕的話就請盡量加吧！

生薑和味噌是絕配

# 豆漿薑湯

材料
洋蔥…1/6 顆（30g）
高麗菜…1 片（50g）
香菇…2 朵（40g）
水…1/4 杯
無糖豆漿…1/2 杯
味噌…1/2 大匙
生薑泥…1 小匙

1　將洋蔥與香菇切薄片，高麗菜切適當大小。
2　將 1 的蔬菜和水一起放入鍋中，蓋上鍋蓋開始加熱。水煮開後轉弱火燉煮 4～5 分鐘，等蔬菜變軟後加入豆漿和味噌、生薑並一邊加熱一邊攪拌均勻，直到味噌溶解後即可熄火。

時髦的泰國風味蔬菜湯
# 泰式椰奶湯

材料
高麗菜…1 片（50g）
香菇…1 朵（20g）
洋蔥…1/4 顆（50g）
蕃茄…1/4 顆（50g）
生薑（切末）…1 小匙
油…適量
水…150ml
椰奶…50ml
檸檬汁…1 小匙
昆布茶粉…1/2 小匙
醬油…多於 1/2 小匙

1 將高麗菜切成適當大小，香菇與洋蔥切成薄片，蕃茄切塊備用。

2 油加熱後放入 1 的蔬菜和生薑末快炒，蔬菜開始變軟即可加入水。水煮開後轉弱火續煮 5 分鐘，直到蔬菜徹底變軟即可放入椰奶再次煮開。

3 加入昆布茶與檸檬汁以及醬油調味後熄火。裝入湯碗內，依個人喜好還可撒上香菜。

享受炒蔬菜的清脆口感！

# 炒蔬菜湯

材料
高麗菜…1 片（50g）
洋蔥…1/4 顆（50g）
生薑（切末）…1 小匙
水…150ml
昆布茶粉…1/2 小匙
鹽、胡椒…各準備適量
油…適量

1　將高麗菜切成適當大小，洋蔥切成薄片備用。

2　鍋中放油加熱後放入 1 的蔬菜和生薑一起快炒。

3　將水加入，煮開後再放入昆布茶、鹽與胡椒調味。

生薑的香味是美味關鍵！

# 洋蔥蘿蔔泥濃湯

**材料**

洋蔥…1/4 顆（50g）

白蘿蔔…1.5cm（50g）

水…150ml

鹽漬昆布…1/2 大匙

生薑泥…1 小匙

太白粉…1/2 小匙

醬油…1/3 小匙

1　洋蔥和白蘿蔔用研磨器磨成泥。

2　鍋中放入 1 的洋蔥泥和白蘿蔔泥，然後加入水、鹽漬昆布以及生薑泥，先煮開一次。

3　以 3 倍量的水融化太白粉後，加入鍋中勾芡完成濃湯。盛入碗中，如果手邊有青蔥的話可切細加入增添風味。

冬日裡的暖洋洋湯品

# 生薑豆腐雜煮湯

**材料**

高麗菜…1/2 片（25g）

白蘿蔔…1cm（30g）

乾蘿蔔絲…1 把

紅蘿蔔…1/10 根（20g）

水…1 杯

生薑泥…1 小匙

酒…1 大匙

醬油…1 小匙

豆腐…1/6 塊（50g）

1　將高麗菜切成適當大小，白蘿蔔與紅蘿蔔切成薄片，乾蘿蔔絲洗乾淨切成易於食用的大小。

2　將水放入鍋中，並加入 1 的高麗菜、紅白蘿蔔、乾蘿蔔絲以及生薑後開始加熱。煮開後轉弱火燉煮 4 ～ 5 分鐘，等蔬菜都變軟了便可加入酒與醬油調味，最後放入豆腐稍微搗碎後煮開即可熄火。

## 脂肪分解作用最適合減肥瘦身

# ＋蒜頭

將蒜頭加入湯中，不僅能大幅提昇滋味，
此種食材更具有預防血栓和促進脂肪分解的作用，
是不是一舉兩得的討喜湯品呢？
消除疲勞的效果也很好，因工作疲累的日子裡，
下班後馬上回家來一碗加了蒜頭的排毒蔬菜湯，
然後早點上床休息吧！

### 加入麵包營養更豐富
# 西班牙風味
# 香蒜湯

材料
蒜頭…1 瓣
洋蔥…1/4 顆（50g）
法國麵包…20g
橄欖油…適量
水…200ml
紅椒粉…1/4 小匙
鹽…少於 1/4 小匙
昆布茶粉…多於 1/4
小匙
嫩豆腐…1/6 塊（50g）

1　蒜頭切碎，洋蔥切成薄片，麵包切成一口大小備用。

2　橄欖油加熱後炒香蒜頭，香味飄出後加入洋蔥炒到變成透明狀即可加入麵包繼續拌炒。

3　加入水先煮開一次，再加入鹽、紅椒粉與昆布茶粉調味。

4　嫩豆腐稍微搗碎後加入鍋中，豆腐溫熱後即可熄火，裝入容器上桌。如果手邊有西洋芹也可添加一些。

入口即化的溫順口感

# 葡萄牙風味
# 綠湯

材料
洋蔥…1/4 顆（50g）
馬鈴薯…小型 1/2 個
（50g）
蒜頭…1/2 瓣
水…200ml
高麗菜（外層綠葉）
…1/2 片（30g）
鹽…1/4 小匙
橄欖油…適量

1 將洋蔥、馬鈴薯切成薄片，蒜頭與高麗菜切絲備用。

2 橄欖油下鍋加熱後放入洋蔥與馬鈴薯、蒜頭輕炒至蔬菜開始變軟，即可加水與鹽燉煮。煮開後轉弱火繼續加熱 4～5 分鐘，直到蔬菜都變軟。使用馬鈴薯搗泥器將湯中配料都搗碎後，再放入高麗菜絲繼續煮 2 分鐘後熄火。最後可隨喜好撒一點黑胡椒增添風味。

黏稠口感精力加倍

# 埃及風味
# 國王菜湯

材料
國王菜 (Jew's marror)
…1/2 袋（50g）
蕃茄…1/2 顆（100g）
蒜頭…1/2 瓣
橄欖油…適量
水…150ml
鹽…1/4 小匙

1 用菜刀將國王菜切細後輕拍。蕃茄切丁，蒜頭切碎備用。

2 熱橄欖油翻炒蒜頭爆香，香氣飄出後加入蕃茄拌炒，加水煮開後燉煮 3 分鐘。加鹽調味。

3 最後加入拍過的國王菜，再煮開一次即可熄火。

蒜味飄香更增添美味

# 黃金即席
# 法式洋蔥湯

材料
洋蔥…1/3 顆（70g）
蒜頭…1 瓣
乾蘿蔔絲…1 把
水…1 杯
鹽…一撮
醬油…1 小匙
油…1 小匙

1　洋蔥切薄片，蒜頭磨成泥。乾蘿蔔絲洗淨切成易於食用的大小。

2　將洋蔥和蒜泥、油及鹽放入鍋中略加混合，蓋上鍋蓋開始加熱。以中火加熱 3 分鐘，必須不時攪拌以防燒焦，等到洋蔥呈現焦糖色後加入水與乾蘿蔔絲。

3　煮滾 1～2 分鐘後加入醬油調味，熄火即告完成。

# 西班牙冷湯

材料
蕃茄…小型 1 顆（150g）
小黃瓜…1/3 根（30g）
青椒…1/2 個（20g）
蒜頭…1/2 瓣
橄欖油…1 小匙
醋…1 小匙
水…2 大匙
小茴香粉…1/4 小匙
鹽…1 撮

1　將蕃茄切小塊，青椒、小黃瓜，蒜頭切碎備用。

2　所有材料一起放入食物處理機中打成泥狀，放涼後裝入容器中即可食用。如手邊還有多餘小黃瓜可切碎塊狀撒上裝飾。

立即完成的簡單湯品

# 蒜泥豆腐
# 香菇湯

材料
青椒…1/2 個（20g）
香菇…1 朵（20g）
乾蘿蔔絲…1 把
豆腐…1/10 塊（30g）
蒜泥…1/2 小匙
醬油…1 小匙
太白粉…1 小匙
水…1 杯

1　青椒切細，香菇切薄片，乾蘿蔔絲洗淨後切成適當大小，豆腐切成骰子般大。太白粉事先溶解於 3 倍份量的水中備用。

2　將 1 的蔬菜和豆腐以及蒜泥、醬油及水一起放入鍋中煮開後，加入溶解的太白粉水勾芡即可。

# 小小顆粒中飽藏著各種功效！

# ＋芝麻

芝麻中的芝麻素與芝麻醇素等木酚素類具有抗氧作用，能幫助創造強健的體魄。此外，芝麻也有抗癌作用與降低膽固醇 降低血壓等作用 堪稱「藥品級的食品」。由於能幫助肝臟對脂質的代謝作用，也很適合想瘦身減肥的人。

充滿濃厚香醇的美味

## 擔擔麵風味
## 香菇湯

材料
洋蔥…1/6 顆（30g）
白蘿蔔…1cm（30g）
香菇…2 朵（40g）
水…1 杯
豆瓣醬…1/4 小匙
研磨白芝麻…1 小匙
生薑泥…1/4 小匙
味噌…1/2 小匙

1  將洋蔥與白蘿蔔、香菇都切成薄片。

2  將 1 的蔬菜及材料全部放入鍋中，蓋上鍋蓋開始加熱。煮開後轉弱火繼續煮 4 ～ 5 分鐘，直到蔬菜變軟即可熄火，裝入容器中。如手邊有青蔥的話可切細撒上。

清淡爽口的滋味

# 芝麻醬 &
# 檸檬風味
# 中東蔬菜湯

材料

洋蔥…1/4 顆（50g）

高麗菜…1 片（50g）

紅蘿蔔…1/4 根（50g）

水…1 杯

研磨白芝麻…1 大匙

鹽…1/4 小匙

檸檬汁…1 小匙

1　洋蔥、高麗菜、紅蘿蔔全部切成 1.5cm 塊狀。

2　將 1 的蔬菜與水放入鍋中加熱，煮開後轉弱火燉煮 4～5 分鐘，直到蔬菜都變軟後，再加入芝麻使其溶解於湯裡，並以鹽與檸檬汁調味即可。

寒冷的天氣裡特別想念的濃厚滋味

# 芝麻紅味噌
# 和風蕃茄燉湯

材料
蕃茄…小型 1 顆（120g）
洋蔥…1/2 顆（100g）
香菇…1 朵（20g）
乾蘿蔔絲…1 把
油…適量
水…150ml
紅味噌…少於 1 大匙
月桂葉…1 片
研磨白芝麻…1 小匙

1　將蕃茄切成小塊，洋蔥、香菇切成薄片，乾蘿蔔絲洗淨後切成易於食用的大小。

2　鍋中先熱油，再放入洋蔥拌炒，待洋蔥變透明後加入蕃茄與香菇、乾蘿蔔絲繼續翻炒。最後加入水和月桂葉。

3　煮開後繼續燉煮 5 分鐘左右，加入紅味噌調味。裝入容器後，撒上研磨白芝麻即可。

芝麻風味齒頰留香

# 撒上大量芝麻的
# 即席味噌湯

材料

香菇…1 朵（20g）

青蔥…1/4 根（30g）

蕃茄…1/4 顆（50g）

水…150ml

焙煎白芝麻…1 大匙

味噌…1/2 大匙

1 香菇切成薄片，青蔥斜切薄片，蕃茄切成 1cm 塊狀。

2 將 1 的蔬菜和水一起放入鍋中加熱，煮開後繼續燉煮 2 分鐘，最後以芝麻和味噌調味即可。

夏日裡的活力泉源

# 什錦蔬菜冷湯

材料

白蘿蔔…1cm（30g）

洋蔥…1/6 顆（30g）

乾蘿蔔絲…1 把

高麗菜…1 小片（30g）

水…180ml

昆布茶粉…多於 1/2 小匙

醬油…多於 1 小匙

研磨白芝麻…1 大匙

1 白蘿蔔刨成薄片，洋蔥切成薄片後泡水去除辛辣。高麗菜切成小片，乾蘿蔔絲洗淨後切成易於食用的大小。

2 裝 1 的蔬菜和其他食材一起裝進可密封的容器內，蓋上蓋子後用力搖勻，再放入冰箱冷藏。

3 冷藏 30 分鐘後，入味即可食用。

## 減肥時最好的夥伴！

# ＋辣椒

辣椒中的辛辣成份「辣椒素」能幫助瘦身。
食用辣椒後能促進腎上腺素分泌，促進身體能量代謝。
同時，身體的氧消耗量也會提昇，使身體溫熱，
形成易瘦體質。
此外，湯品中加入辣椒還有刺激味覺的提味效果，
如此就能自然減少鹽分的使用，吃得更健康美味。

蔬菜健康湯餃

# 微辣湯餃

材料
蓮藕…1/2 小段（70g）
香菇…1 朵（20g）
洋蔥…1/6 顆（30g）
乾蘿蔔絲…1 把
紅辣椒…1 根
太白粉…1.5 大匙
餃子皮…7 張
水…300ml
酒…1 大匙
醬油…2 小匙

1 蓮藕磨碎，香菇與洋蔥切細絲，乾蘿蔔絲洗淨後也切細，辣椒切小段備用。

2 將 1 的蓮藕及香菇、洋蔥與太白粉一起放入碗中攪拌混合後，用餃子皮包起來。

3 鍋中放入水與紅辣椒、乾蘿蔔絲，開始加熱。煮開加入 2 已包好的餃子煮3 分鐘後加酒和醬油調味。如果有白蔥絲也可在最後加上。

讓身體暖烘烘的招牌菜

# 韓式泡菜湯

材料

香菇…2 朵（40g）白蘿蔔…1cm（30g）

洋蔥…1/6 顆（30g）

乾蘿蔔絲…1 把

水…1 杯　酒…1 大匙

韓式泡菜…1/4 杯　醬油…1/2 小匙

木綿豆腐…1/3 塊（100g）

1　將香菇、白蘿蔔及洋蔥切成薄片，乾蘿蔔絲洗淨後切成適當大小，韓式泡菜切成易於食用的大小。豆腐切成偏大塊狀。

2　將香菇與白蘿蔔、洋蔥，乾蘿蔔絲和水一起放入鍋中加熱，煮開後轉弱火燉煮3～4分鐘。待蔬菜變軟即可加入酒及泡菜和豆腐。再次煮開後，以醬油調味。若手邊有青蔥可切細撒上。

快速完成道地風味

# 菜頭與榨菜之中華風味湯

材料

白蘿蔔…1.5cm（50g）

榨菜…1 大匙

香菇…1 朵（20g）

辣油…2/3 小匙

酒…1 大匙

水…150ml

醬油…1/2 小匙

研磨白芝麻…1 小匙

1　將白蘿蔔切成火柴棒粗細。香菇切薄片，榨菜大略切細備用。

2　將1的食材與辣油、酒一起入鍋攪拌後，蓋上鍋蓋加熱。冒出蒸氣後轉弱火蓋上內蓋蒸煮2分鐘。

3　加入水煮開後轉弱火繼續燉煮2～3分鐘。等菜頭（白蘿蔔）變軟後即可加入醬油及芝麻調味，即告完成。

53

# 蕃茄辣豆湯

材料
水煮大豆…1/4 杯
香菇…1 朵（20g）
洋蔥…1/4 顆（50g）
蕃茄…1/2 顆（100g）
蕃茄汁…1/2 杯
蒜頭…1 小瓣
辣椒粉…1/4 小匙
鹽…少於 1/4 小匙
橄欖油…1 小匙

1　香菇、洋蔥與蕃茄切成 1.5cm 塊狀。蒜頭切碎備用。

2　將所有材料放入鍋中加熱。煮開後轉弱火燉煮 4～5 分鐘即可熄火完成。

## 微微辣味最下飯

# 七味辣椒
# 和風煮物湯

材料

洋蔥…1/4 顆（50g）

白蘿蔔…1.5cm（50g）

牛蒡…1/3 根（50g）

香菇…2 朵（40g）

紅蘿蔔…1/4 根（50g）

酒…100ml

水…100ml

醬油…1 小匙

七味辣椒粉…適量

1 洋蔥、白蘿蔔及牛蒡、香菇均切成一口大小。

2 將 1 的蔬菜放入鍋中，同時加入酒，蓋上鍋蓋加熱。煮開後轉弱火繼續蒸煮 4～5 分鐘，待蔬菜變軟後加水與醬油，再繼續煮 3 分鐘使其入味。

3 裝入容器，盡情撒上七味辣椒粉。

## 韭菜香是美味關鍵！

# 蕃茄泥
# 韓式風味湯

材料

蕃茄…1 顆（200g）

洋蔥…1/6 顆（30g）

紅辣椒…1 根

韭菜…2 根

醬油…1 小匙

麻油…適量

1 將蕃茄川燙過後剝皮磨成泥狀。洋蔥切成薄片，紅辣椒與韭菜皆切成小段備用。

2 用麻油熱鍋後翻炒洋蔥與紅辣椒，直到洋蔥變透明便加入蕃茄泥煮開。最後用醬油調味並撒上韭菜。

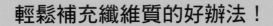

# 輕鬆補充纖維質的好辦法！

# ＋寒天

簡單來說，寒天是富含膳食纖維、
消除便秘問題最具效果的食材。
只要將粉狀寒天融入水中即可，非常簡單。
無味無臭，和任何湯品都很搭，令人讚賞。
食用時只要將寒天粉加一點到平常喝的湯中即可，
不過更推薦加多一點增加濃稠感，
可以營造出奶油濃湯般的口感喔。

令人心頭一暖的湯品

## 田園蔬菜
## 黃芥末奶油濃湯

材料
高麗菜…1 片（50g）
洋蔥…1/4 顆（50g）
香菇…2 朵（40g）
紅蘿蔔…1/4 根（50g）
水…2 大匙
酒…1 大匙
無糖豆漿…150ml
黃芥末…1/2 小匙
白味噌…1 小匙
寒天粉…1/2 小匙

1 先將高麗菜、洋蔥與
香菇、紅蘿蔔都切成一口
大小備用。

2 將 1 的蔬菜和水、酒
一起放入鍋中，蓋上鍋蓋
加熱。冒出蒸氣後轉弱火
加熱 6～7 分鐘，待蔬
菜變軟即可加入豆漿與
黃芥末、並加入味噌及寒
天攪拌溶解，全體溫熱後
即可熄火食用。

# 香濃豆漿鍋

**材料**

高麗菜…1 片（50g）

洋蔥…1/4 顆（50g）

蕃茄…1/2 顆（100g）

豆腐…1/3 塊（100g）

茼蒿…半把（100g）

a｜水…50ml

　｜寒天粉…1/2 小匙

　｜無糖豆漿…1/2 杯

酸橘醋…適量

1　將高麗菜與蕃茄切成適當大小，洋蔥隨意切碎，豆腐和茼蒿切成易於食用的大小備用。

2　於土鍋中放入 a 攪拌均勻，使寒天粉融化後開始加熱。煮開後放入蕃茄、高麗菜與洋蔥、豆腐和茼蒿，按照煮熟順序淋上酸橘醋食用。

充滿膳食纖維的一盤

# 冬粉仿魚翅湯

**材料**

冬粉…20g

洋蔥…1/4 顆（50g）

香菇…2 朵（40g）

麻油…1/2 小匙

醬油…1 小匙

水…1 杯

寒天粉…1/2 小匙

a｜醬油…1/2 小匙

　｜酒…1 大匙

1　冬粉以料理剪刀剪成三等份。洋蔥與香菇切成薄片備用。

2　平底鍋中放入水與麻油、冬粉及醬油後開火加熱。煮開後轉弱火蓋上內蓋繼續煮1～2分鐘，再加入洋蔥和香菇加熱2～3分鐘。

3　將寒天粉與 a 加入鍋中即可熄火。

# 高麗菜&白蘿蔔薑味濃湯

材料

高麗菜…1 片（50）

白蘿蔔…1.5cm（50g）

水…200ml

寒天粉…1/2 小匙

醬油…1/2 大匙

生薑泥…1/4 小匙

1　高麗菜切絲，白蘿蔔切細備用。

2　將所有材料放入鍋中後開始加熱。煮開後轉弱火繼續煮 7 ～ 8 分鐘，待蔬菜都變軟即可熄火。

# 豆腐洋蔥香菇羹

材料

洋蔥…1/4 顆（50g）

香菇…1 朵（20g）

鴻喜菇…30g

木綿豆腐…1/3 塊（100g）

水…150ml

寒天粉…1/2 小匙

醬油…1/2 大匙

酒…1 大匙

1　洋蔥與香菇切成薄片，鴻喜菇取下蒂頭切成易於食用的大小備用。

2　鍋中放入 1 的蔬菜和菇類，加入稍微搗碎的豆腐與寒天粉後開始加熱。煮開後轉弱火燉煮 3 ～ 4 分鐘，最後加入醬油與酒調味即可。

# 加入湯中就是完整的一餐！

# ＋糙米‧雜糧

糙米雜糧富含膳食纖維與維他命、礦物質。
不但能改善便秘，維他命 E 也可促進血液循環。
而糙米和雜糧不只是碳水化合物，
也含有比白米更豐富的蛋白質。
加入湯中食用，可攝取到蔬菜的維他命、礦物質
加上碳水化合物、蛋白質，可說營養均衡，健康滿點！

滿口美味與咀嚼口感

# 香菇小米
# 玉米湯

材料

洋蔥…1/4 顆（50g）

香菇…1 朵（20g）

小米…1 大匙

冷凍玉米粒…1/4 杯

水…250ml

鹽…1/4 小匙

白胡椒粉…1/4 小匙

1　洋蔥與香菇切成 1cm 塊狀。小米洗淨後篩除水分。

2　將 1 的食材與冷凍玉米粒及水一起放入鍋中加熱。煮開後轉弱火燉煮 15 分鐘，直到小米變軟後加入鹽與白胡椒粉調味，熄火即可起鍋。

看似魚丸其實是米飯做的！

# 米魚丸
# 異國風味湯

材料

白蘿蔔…3cm（100g）

豆芽菜…30g

a｜糙米飯…70g
　｜昆布茶粉…1/2 小匙

昆布茶粉…1 小匙

水…1 杯

生薑（切絲）…1/2 小匙

胡椒…適量

1　將白蘿蔔刨成薄長條狀備用。

2　將 a 放入研磨缽中混合所有材料並搗碎。不用完全搗成粉碎，留有顆粒口感也可以。將搗碎後的材料揉成一口大小的球狀。

3　將昆布茶粉與水、生薑一起放入鍋中加熱，沸騰後加入 2 的糙米飯球，煮 2 分左右。之後再加上 1 的白蘿蔔與豆芽菜，繼續煮 1～2 分鐘即可熄火。裝入容器內，如手邊有香菜末亦可加一些，撒上胡椒，搭配一片薄檸檬片。

中式湯品溫潤的好滋味

# 白蘿蔔粟米
# 冬粉湯

材料（2 人份）

冬粉…20g

白蘿蔔…1.5cm（50g）

糯粟米…1 大匙

麻油…1/2 小匙

生薑泥…1 小匙

昆布茶粉…2/3 小匙

水…1.5 杯

1　冬粉用料理剪刀剪成易於食用的長度。白蘿蔔切絲，糯粟米洗淨篩除水分備用。

2　鍋中放入麻油，熱油後翻炒白蘿蔔，稍微軟化時就可以將其他材料全部加入。

3　燉煮 15 分鐘左右，糯粟米與白蘿蔔都變得柔軟滑順即可。

## 清淡熟悉的古早味

# 高麗菜豆腐燕麥湯

**材料**
高麗菜…1 片（50g）
木綿豆腐…1/5 塊（60g）
燕麥片…1/2 大匙
醬油…1/2 小匙
水…150ml

1　高麗菜切細絲備用。

2　將 1 的高麗菜放入鍋中，再加入適度搗碎的木綿豆腐與燕麥片，最後加水並開始加熱。

3　煮開後轉弱火繼續加熱 4～5 分鐘，等高麗菜變軟即可加入醬油，攪拌全體後熄火完成。

## 用燕麥片增添濃稠度

# 高麗菜香菇燕麥蕃茄燉湯

**材料**
高麗菜…1 大片（60g）
香菇…2 朵（40g）
蒜頭…1 小瓣
橄欖油…適量
蕃茄汁…1 杯
燕麥片…1 大匙
白味噌…1 大匙

1　高麗菜切片，香菇切成一口大小，蒜頭切碎備用。

2　在鍋中加熱橄欖油，油熱後放入 1 的高麗菜與香菇、蒜頭拌炒。高麗菜開始軟化即可加入蕃茄汁與白味噌，煮開後轉弱火繼續燉煮。

3　煮 4～5 分鐘後，待高麗菜變軟，湯汁成濃稠狀即可熄火完成。

# 補充纖維有效改善便秘

# ＋海帶芽

海帶芽中含有大量名為海藻酸鈉的水溶性食物纖維。
海藻酸鈉能在腸中聚集水份，增加排便量，促進腸胃蠕動。
誠心推薦容易便秘的人在排毒蔬菜湯中加入海帶芽，
就算一天只吃一點，只要養成習慣就會有成效。
當然也可以嘗試添加大量海帶芽的食譜喔。

## 山藥泥可取代蛋花

# 海帶芽仿蛋花湯

材料
洋蔥…1/6 顆（30g）
香菇…1 朵（20g）
冷凍玉米粒…1 大匙
乾燥海帶芽…1 把
長山藥…3cm（40g）
太白粉…1/2 小匙
酒、醬油…各 1/2 大匙
水…250ml

1　將洋蔥與香菇切成薄片，長山藥磨成泥，和太白粉攪拌混合。

2　鍋中放入水與 1 的洋蔥、香菇以及冷凍玉米粒和乾燥海帶芽並開始加熱。煮開後轉弱火燉煮 2 分鐘左右，以酒和醬油調味。

3　將 1 中的長山藥泥倒入 2 的鍋中，稍微加溫後熄火即可。

## 蕃茄海帶芽義式味噌湯

加了蕃茄的特別味噌湯

**材料**

蕃茄…小型 1/2 顆（60g）

香菇…1 朵（20g）

洋蔥…1/6 顆（30g）

蒜頭…1/2 小瓣

乾燥海帶芽…1 把

水…1 杯

味噌…2 小匙

橄欖油…1 小匙

1　蕃茄切塊，香菇與洋蔥切成薄片，蒜頭切細備用。

2　鍋中放入 1 的蔬菜與水並加熱。煮開後轉弱火繼續加熱 2〜3 分鐘，接著放入味噌與橄欖油以及乾燥海帶芽，待味噌溶解後即可裝盛食用。

## 海帶芽素餛飩湯

滿滿的海帶芽是亮點

**材料**

木綿豆腐…1/10 塊（30g）

洋蔥（切絲）…1 大匙

太白粉…1/2 大匙

鹽…1 撮

餛飩皮…8 張

水…400ml

香菇…1 朵（20g）

乾燥海帶芽…1 大匙

乾蘿蔔絲…1 把

醬油…1 大匙

1　木綿豆腐去除多餘水分，香菇切薄片，乾蘿蔔絲切成易於食用的大小備用。

2　將 1 的豆腐與洋蔥、太白粉及鹽攪拌混合，用餛飩皮包起來。

3　鍋中加入水與香菇及乾蘿蔔絲並加熱，煮開後放入 2 包好的餛飩繼續煮 3 分鐘，最後加入乾燥海帶芽與醬油調味即可。

豆漿和海帶芽是意外絕配！

# 蔬菜海帶芽
# 韓風豆漿濃湯

**材料**

洋蔥…1/6 顆（30g）

高麗菜…1/2 片（25g）

乾燥海帶芽…1 大匙

水…2 大匙

無糖豆漿…150ml

研磨白芝麻…2 小匙

醬油…1/2 大匙

1　洋蔥切成薄片；高麗菜切絲備用。

2　鍋中放入 1 的蔬菜與乾燥海帶芽，加水，蓋上鍋蓋並加熱。冒出蒸氣後轉弱火繼續蒸煮 2 分鐘。

3　將豆漿與芝麻、醬油一起加入鍋中，溫熱後即可熄火完成。

加了海帶芽更健康美味

# 海帶芽地瓜湯

材料
白蘿蔔…1cm（30g）
香菇…1朵（20g）
地瓜…1/2 小條（50g）
乾燥海帶芽…1 把
油豆腐…1/3 片
水…1 杯
味噌…2 小匙

1 白蘿蔔切成扇形，地瓜切成 5mm 左右半月形，香菇切成薄片，油豆腐去除多餘油份後切細備用。

2 將 1 的蔬菜和油豆腐以及水一起放入鍋中加熱，煮開後轉弱火燉煮 3～4 分鐘，等蔬菜都變軟了，即可加入乾燥海帶芽與味噌調味後熄火完成。

將食材炒香，別有一番風味

# 炒海帶芽
# 香濃味噌湯

材料
乾燥海帶芽…1 大匙
洋蔥…1/6 顆（30g）
白蘿蔔…1cm（30g）
乾蘿蔔絲…1 把
麻油…1 小匙
酒…1 大匙
水…150ml
味噌…2/3 大匙

1 洋蔥切成薄片，白蘿蔔切成細絲備用。鍋中放入麻油，油熱後放入乾燥海帶芽、洋蔥與白蘿蔔同時加酒拌炒（乾燥海帶芽不用先泡開，可直接放入一起炒）。

2 等蔬菜開始軟化，即可加入水和乾蘿蔔絲，先煮開一次，再加入味噌使其溶解後熄火完成。

# 排毒蔬菜湯的
# 冷凍保存訣竅

今天晚上打算來喝排毒蔬菜湯，
可是不僅食材買不齊全，也沒時間煮，怎麼辦！
為了避免這種問題，只要事先將湯做好冷凍起來就可 OK。
基底排毒蔬菜湯是可以冷凍保存的，
在此為各位介紹冷凍保存與解凍後的食用方法。

## 湯頭與配料
## 分開來冷凍

並非一定不能放一起冷凍，但盡可能還是將配料和湯頭分別盛裝後再放入冷凍較好。如此配料還能用在其他料理上，湯頭也可作為速食湯飲用，一舉兩得相當方便。

湯頭可先放入製冰盒中冷凍，待結冰後取出湯頭冰塊，改放冷凍保存袋冷凍保存。

配料用冷凍保存袋分成小包裝，放冷凍庫。白蘿蔔因冷凍後口感會變，不建議冷凍，請每次只煮當次的量。其他配料冷凍都沒問題。

---

### IDEA 1

## 解凍後直接
## 還原成
## 排毒蔬菜湯

冷凍後的湯頭冰塊與配料一起放入鍋中加熱，煮開後按喜好調味即可。除了可直接喝，當然更可在加熱時放入切塊蕃茄、新鮮蔬菜等其他食材，就能喝到更新鮮美味的湯囉。

### IDEA 2
## 只使用湯頭

將一片乾燥豆皮泡軟切成易食用大小，秋葵2根切小塊。將以上食材和5顆湯頭冰塊一起煮開後，使用柚子胡椒1/3小匙調味即可，是臨時想喝點熱湯時很推薦的一道食譜。

將乾燥海帶芽1小把切成適當大小，與醬油1小匙及小麵麩5顆一起入鍋，加上5～6顆湯頭冰塊一起煮開。除了可用醬油調味外，用味噌調味也很美味。

### IDEA 3
## 只使用配料

只要事先將醃過的昆布絲與燉蔬菜也冷凍保存就可簡單製作。將蔬菜湯的配料1/2杯與昆布絲1/2杯、酒1大匙及少於1小匙的醬油一起放入小鍋加熱。湯汁收乾後即可。

也可做出類似炒蔬菜豆腐渣的小菜。將排毒蔬菜湯配料1/2杯與豆腐渣2/3杯、醬油2小匙以及味醂1小匙一同入鍋加熱，等水分收乾後，翻炒豆腐渣至鬆軟即告完成。

# Part.3
# 針對不同煩惱設計！排毒蔬菜湯

在意便秘體質、皮膚狀況多，或是因虛寒體質而感到困擾……
在這一章中，將針對不同煩惱與症狀介紹具有改善效果的蔬菜湯。
當身體狀況不佳時請務必參考看看哦！

# Case 1

# 虛寒體質

許多女性都有體質虛寒的困擾。血液循環差或貧血、低血壓等等各種原因都可能引
起手腳冰冷虛寒，所以請不要忽視這個身體的警訊，
如果真的太嚴重，還是請前往醫院做一次檢查比較好。
而若想由食物開始改善虛寒體質，請多採用生薑和蒜頭等能溫暖身體的食材入菜。
喝一碗熱熱的湯，讓冰冷的身體暖和起來吧。

味噌也能為身體增溫

# 味噌關東煮風味
# 根莖蔬菜湯

材料

白蘿蔔…3cm（100g）

洋蔥…1/2 顆（100g）

紅蘿蔔…1/4 根（50g）

蒟蒻…100g

油豆腐…100g

水…2 杯

高湯用昆布…10cm

醬油…1 小匙

a ┃ 味噌…50g
　┃ 味醂…1 大匙
　┃ 酒…1 大匙

1　將白蘿蔔、洋蔥及紅蘿蔔、油豆腐全部切成較大的塊狀。蒟蒻切成 7mm 厚片並用竹籤串起。將 a 放入小鍋中以弱火加熱使其混合均勻，作成味噌醬。

2　鍋中鋪上高湯用昆布並加水，放入 1 的蔬菜和油豆腐、蒟蒻開始加熱。煮開後轉弱火細細燉煮 20 ～ 30 分鐘。

3　待蔬菜都變軟即可裝入容器中，淋上 a 的味噌醬食用。

糯米與松子也能祛寒！

# 以凍豆腐取代的
# 蔘雞湯

**材料**

乾燥凍豆腐…1 塊

糯米…1 大匙

生薑…3 薄片

蒜頭…1/2 瓣

乾蘿蔔絲…1 把

香菇…2 朵（40g）

松子…2 小匙

水…250ml

鹽…1/4 小匙

1　將乾燥凍豆腐泡水還原並去除多餘水分，用菜刀從中切開作成口袋狀。生薑與蒜頭切碎，乾蘿蔔絲洗淨切細，香菇切成薄片備用。

2　洗乾淨的糯米與 1 的生薑、蒜頭與乾蘿蔔絲、松子充分混合，用湯匙裝進袋狀凍豆腐中，裝滿後開口處用牙籤固定。

3　鍋中放入 2 的豆腐袋與 1 的香菇及水，並開始加熱。煮開後轉弱火加熱 5 分鐘，加鹽調味後繼續燉煮 20 分鐘才熄火。上桌時將凍豆腐切成易於食用的大小再盛入容器內，手邊有青蔥的話也可切碎撒上。

肉桂促進血液循環

# 肉桂風味
# 南瓜濃湯

材料
洋蔥…1/4 顆（50g）
南瓜…50g
水…100ml
無糖豆漿…100ml
味噌…1 小匙
肉桂粉…少於 1/4 小匙

1 洋蔥與南瓜切成薄片備用。

2 鍋中放入 1 的洋蔥與南瓜及水並加熱。煮開後轉弱火繼續加熱 4～5 分鐘，直到食材都變軟即可熄火，並加入豆漿與味噌。

3 將 2 放入食物處理機中打成濃稠湯狀，再移回原鍋加入肉桂粉稍微加熱。裝入容器之後可再撒上一點肉桂粉。

# 酒釀生薑暖暖味噌湯

材料
白蘿蔔…1cm（30g）
紅蘿蔔…1/10 根（20g）
乾蘿蔔絲…1 把
洋蔥…1/6 顆（30g）
生薑泥…1/2 大匙
水…1 杯
酒釀…少於 1 大匙
味噌…2 小匙

1　白蘿蔔與紅蘿蔔皆切為半月形，乾蘿蔔絲洗淨切成易於食用的大小，洋蔥切成薄片備用。

2　鍋中放入 1 的蔬菜與乾蘿蔔絲，加入生薑泥與水後加熱，煮開後轉弱火燉煮 3～4 分鐘，等蔬菜都變軟即可放入酒粕與味噌使其徹底溶解。食用時裝入小湯碗，手邊如有青蔥可切細撒上。

加酒料理使身體暖呼呼

# 根莖蔬菜酒煮湯

材料
牛蒡…1/5 根（30g）
白蘿蔔…1cm（30g）
紅蘿蔔…1/7 根（30g）
洋蔥…1/6 顆（30g）
酒…100ml
水…100ml
醬油…1 小匙

1　將牛蒡、白蘿蔔與紅蘿蔔及洋蔥都切成易於食用的塊狀。

2　將 1 的蔬菜和酒及水一起入鍋加熱，煮開後轉弱火繼續燉煮 10 分鐘。等蔬菜都變軟即可加入醬油調味，即告完成。

# Case 2

# 便秘

便秘其實是許多疾病的徵兆，在這之中
若發生便秘的原因來自腸子蠕動緩慢造成排便量不足，身體缺乏水份時，
其實只要透過正確的食物調養身體，多半都能獲得改善。
最重要的就是攝取大量膳食纖維，
像洋蔥就富含寡糖，能為腸子增生大量益菌，
是便秘的人應該多吃的食材。

蒟蒻是美味重點

# 料多味美
# 蒟蒻味噌湯

材料
蒟蒻…100g
香菇…2 朵（40g）
洋蔥…1/4 顆（50g）
乾蘿蔔絲…1 把
麻油…適量
水…150ml
研磨白芝麻…1 小匙
醬油…1 小匙

1　蒟蒻先用清水燙過，再用手撕成一口大小。香菇去蒂切四等分，洋蔥切一口大小，乾蘿蔔絲洗淨切易於食用的大小備用。

2　鍋中放入麻油，油熱後翻炒蒟蒻，等到蒟蒻炒得稍微酥脆時加入洋蔥一起拌炒。等洋蔥變透明後倒入水並加入香菇與乾蘿蔔絲、芝麻及醬油，再煮 3 分鐘。

3　洋蔥變軟即可熄火完成。

滿滿一碗牛蒡精華

# 牛蒡濃湯

材料

牛蒡⋯1/3 根（50g）

洋蔥⋯1/6 顆（30g）

白蘿蔔⋯1cm（30g）

水⋯1/4 杯

無糖豆漿⋯150ml

醬油⋯1 小匙

焙煎白芝麻⋯1 小匙

1 牛蒡去皮斜切成薄片，洋蔥與白蘿蔔也切成薄片備用。

2 鍋中放入 1 的蔬菜和水，蓋上鍋蓋加熱。煮開後轉弱火繼續燉煮 4 ～ 5分鐘，等蔬菜都變軟即可熄火。

3 將 2 和豆漿、醬油以及芝麻一起放入食物處理機打成濃稠湯狀，放回原鍋中稍微加熱後即可裝盛享用。

用菇類補充膳食纖維

# 什錦菇
# 洋蔥味噌濃湯

材料
洋蔥…1/6 顆（30g）
鴻喜菇…30g
香菇…1 朵（20g）
珍珠菇…70g
水…150ml
味噌…1/2 大匙

1　洋蔥切成薄片，鴻喜菇切掉蒂頭掰開，香菇切成薄片，珍珠菇洗淨備用。

2　在鍋中放入 1 的所有食材和水並加熱，煮開後轉弱火繼續加熱 3 分鐘，再放入味噌溶解即可。

寡糖和膳食纖維的雙重效果！

# 洋蔥香菇
# 印度風味湯

材料
洋蔥…1/4 顆（50g）
香菇…2 朵（40g）
油…適量
水…200ml
小茴香粉…1/4 小匙
鹽…少於 1/4 小匙

1　洋蔥切成薄片，香菇也切成薄片備用。

2　鍋中放油，油熱後翻炒洋蔥約 3～4 分鐘，等洋蔥變透明後加入香菇拌炒。

3　加水煮開，放入小茴香粉與鹽調味後即可熄火。

# 木耳白蘿蔔湯

材料
木耳…8 朵
白蘿蔔…1.5cm（50g）
乾蘿蔔絲…1 把
生薑（切碎）…1 小匙
青蔥（切碎）…3cm
麻油…適量
水…150ml
醬油…1 小匙

1　木耳泡水復原後切成細條。白蘿蔔切絲，乾蘿蔔絲洗淨後切成易於食用的大小。

2　鍋中放入麻油，油熱後將木耳與白蘿蔔、生薑及青蔥一起放入拌炒，等白蘿蔔開始軟化即可加入水和乾蘿蔔絲。

3　煮開後轉弱火繼續燉煮3～4 分鐘，白蘿蔔完全變軟後以醬油調味，完成。

# 豆腐渣燉湯

材料
洋蔥…1/6 顆（30g）
香菇…2 朵（40g）
乾蘿蔔絲…1 把
紅蘿蔔…1/4 根（50g）
水…50ml
無糖豆漿…150ml
豆腐渣…30g（1/2 杯）
味噌…2 小匙
冷凍青豌豆…2 大匙

1　洋蔥切成不規則一口大小，香菇去蒂對半切，乾蘿蔔絲洗淨後切成易於食用的大小，紅蘿蔔也切成不規則一口大小備用。

2　將 1 的蔬菜和水放入鍋中，蓋上鍋蓋加熱。煮開後轉弱火繼續燉煮3～4 分鐘，直到蔬菜都變軟則加入豆腐渣煮 1 分鐘後，放入味噌、豆漿和冷凍青豌豆全體加熱後即可熄火。

# Case 3

# 皮膚狀況不佳時

當血液循環不良時，肌膚就會失去光澤，有時營養不良也會造成皮膚狀況不佳。
此時，好好攝取構成皮膚基礎的蛋白質就很重要囉。
另外還得多吃能幫助膠原蛋白形成的維他命 C。
更重要的，當身體缺乏鐵質時皮膚往往容易出問題，
所以必須重視鐵質的補充，均衡營養。
來，喝一碗充滿各種對肌膚有益食材的蔬菜湯吧。

大豆帶來豐富的蛋白質

# 蕃茄即席
# 大豆味噌湯

材料
大豆（水煮）… 50g
（多於 1/4 杯）
香菇…1 朵（20g）
蕃茄…1/4 顆（50g）
水…1 杯
味噌…1 小匙

1　香菇切成薄片，蕃茄隨意切塊備用。將水和大豆一起放入食物處理機攪拌，直到殘留一點顆粒狀時即可（也可用研磨缽搗碎）。

2　將 1 的香菇和蕃茄以及泡過大豆的水放入鍋中加熱，煮開後轉弱火燉煮 3〜4 分鐘，最後放入味噌使其溶解。

想補充鐵質就靠這碗湯！

# 鹿尾菜之
# 義大利清湯

材料
蕃茄…1/2 顆（100g）
洋蔥…1/4 顆（50g）
鹿尾菜…1 大匙
水…150ml
鹽…1/4 小匙
蒜頭（切碎）…1/2 瓣
乾燥羅勒…1/4 小匙

1　將蕃茄切塊，洋蔥切成薄片，鹿尾菜用大量清水洗淨備用。

2　除了乾燥羅勒之外的所有材料下鍋加熱，煮開後轉弱火繼續燉煮 4～5 分鐘，等鹿尾菜變軟後撒上一點羅勒，裝進容器即可享用。也可依個人喜好滴幾滴橄欖油增添風味。

豐富的維他命 C！

# 蕃茄檸檬
# 維他命湯

材料
蕃茄…1/2 顆（100g）
洋蔥…1/6 顆（30g）
青椒…1 個（30g）
水…150ml
辣椒粉…1/4 小匙
檸檬汁…1 小匙
鹽…1/4 小匙

1　將蕃茄與洋蔥、青椒全部切成 7mm 方塊狀備用。

2　所有材料下鍋加熱，煮開後轉弱火燉煮 3 分鐘即可熄火。

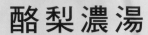

# 酪梨濃湯

材料

酪梨…1/2 顆（100g）

洋蔥…1/6 顆（30g）

水…1/4 杯

無糖豆漿…150ml

味噌…1/2 大匙

1　將酪梨與洋蔥切成薄片。

2　鍋中放入洋蔥和水蓋上鍋蓋蒸煮，3～4 分鐘後洋蔥變軟即可拿開鍋蓋，再加入酪梨煮至湯汁收乾。

3　將 2 和豆漿及味噌一起放入食物處理機打成濃稠湯狀，放回原鍋再次加溫即可享用。

# 白木耳香菇
# 美顏湯

材料

白木耳…3 朵

蕃茄…小型 1/2 顆（60g）

香菇…1 朵（20g）

水…150ml

鹽漬昆布…1 大匙

1　白木耳泡溫水還原，蕃茄隨意切塊，香菇切成薄片備用。

2　所有材料一起放入鍋中加熱，煮開後轉弱火繼續煮 2 分鐘即可熄火。

全部都是美肌食材！

# 酪梨
# 墨西哥風味湯

材料

酪梨…1/4 顆（50g）

蕃茄…中型 1/2 顆（80g）

洋蔥…1/4 顆（50g）

乾蘿蔔絲…1 把

蒜頭…1/2 瓣

水…1 杯

鹽…1/4 小匙

辣椒粉…1/4 小匙

1  酪梨與蕃茄、洋蔥都切為 1.5cm 塊狀。乾蘿蔔絲洗淨切成易於食用的大小，蒜頭切細備用。

2  所有材料一起放入鍋中加熱，煮 4～5 分鐘後即可熄火。

# Case 4
# 消除浮腫

基底排毒蔬菜湯已經富含充足的鉀質，
對消除浮腫很有效果，但仍有其他有效食材可以補充。
例如小紅豆具有活化腎臟機能的功效，對預防浮腫很有效果。
蘋果和馬鈴薯也含有豐富鉀質，
對消除浮腫都有立竿見影的效果。
烹調時只要提醒自己少鹽，讓味道清淡就行了。

微甜的美味
## 紅豆濃湯

材料
小紅豆（水煮）…1/2 杯
洋蔥…1/4 顆（50g）
水…150ml
味噌…多於 1 小匙

1　洋蔥切成薄片備用。
2　鍋中放入所有材料加熱，煮開後轉弱火繼續 3～4 分鐘。
3　洋蔥變軟後可用馬鈴薯搗泥器將小紅豆輕輕壓碎，即可裝盛享用。

蘋果的微酸帶出好味道
# 蘋果濃湯

材料
蘋果…1/4 顆（60g）
洋蔥…1/6 顆（30g）
馬鈴薯…小型 1 顆（50g）
水…1/2 杯
無糖豆漿…130ml
鹽…1/4 小匙

1 蘋果、洋蔥及馬鈴薯都切成薄片備用。

2 鍋中放入 1 的食材和水一起加熱，煮開後轉弱火燉煮 4～5 分鐘，等蘋果和蔬菜都變軟即可熄火，和豆漿一起放入食物處理機打成濃稠湯狀。

3 將 2 放回原鍋再次加熱，用鹽調味。如果手邊有多的蘋果，可以切一些小碎塊裝飾上去。

# Case 5

# 消除疲勞

工作忙碌，精神壓力大造成身體疲倦、睡眠不足⋯⋯
疲勞時雖然想著非得好好補充營養不可，
卻往往因過於勞累而沒有食慾。
此時如果吃下大魚大肉反而會勉強身體，帶來反效果。
最好是食用對腸胃溫和的蔬菜湯，
帶點酸味的蔬菜湯對於消除疲勞、撫慰身心是很有幫助的喔。

醋能分解乳酸，消除疲勞

## 豆腐香菇
## 酸醋湯

材料
木綿豆腐⋯1/6 塊（50g）
香菇⋯2 朵（40g）
洋蔥⋯1/6 顆（30g）
乾燥海帶芽⋯1 把
水⋯150ml
酒⋯2 小匙
醬油⋯1 小匙
醋⋯1 大匙

1　木綿豆腐切成 7mm 薄片，香菇和洋蔥也切成薄片備用。

2　鍋中放入 1 的食材和水一起加熱，煮開後轉弱火燉煮 3 分鐘，再加入乾燥海帶芽和酒、醬油及醋煮 1 分鐘即可熄火。

# 山藥泥
# 蕃茄濃湯

材料

長山藥⋯4cm（50g）

蕃茄⋯1/2 顆（100g）

豆漿⋯150ml

味噌⋯1 小匙

1　長山藥磨成泥，蕃茄燙過剝皮也磨成泥備用。

2　將 1 的的山藥泥、蕃茄泥與豆漿、味噌一起放入鍋中攪拌均勻並加熱。溫熱後裝進容器，再淋上一點蕃茄泥（份量外）點綴裝飾。

# Case 6

# 腸胃不順時

胃痛、肚子痛、沒有食慾……
腸胃不舒服時，正是蔬菜湯最能大顯身手的時候。
只要消化正常，營養就能好好吸收，身體也會振作起來。
如果還有一點食慾，也可在下面介紹的湯品中加入飯食，
煮成粥來吃亦是很不錯的方式。

同時攝取豐富的蛋白質

## 蘿蔔泥與納豆佐粥

材料
白蘿蔔…3cm（100g）
納豆…1盒
水…1/2 杯
味噌…2/3 大匙

1　白蘿蔔磨成泥備用。
2　所有材料都入鍋煮開，加入味噌使其溶解即可熄火。

# 高麗菜泥
# 豆漿濃湯

材料

高麗菜心…1/2 個（50g）

無糖豆漿…150ml

麵粉…1/2 小匙

鹽…1/4 小匙

1　高麗菜心磨成泥備用。

2　所有材料放入鍋中並用打泡器攪拌均勻，尤其麵粉必須徹底溶解。

3　一邊攪拌裝有 2 的鍋子，同時開始加熱 煮開且呈濃稠狀時就完成了。若手邊有西洋芹可撒一點增添風味。

# Case 7

# 感覺壓力大時

壓力大的時候，就算晚上回到家也不能好好放鬆休息。

煩躁焦慮難以入眠，腦袋轉個不停。

這種日子若持續下去會造成失眠憂鬱的惡性循環。

此時請在回家後喝一碗能放鬆心情的湯吧。

洋蔥含有豐富的維他命 B1，海苔富含維他命 B12，

這些都能安定自律神經，達到放鬆身心的效果。

滿滿的洋蔥甜香

## 和風洋蔥焗湯

材料

洋蔥…1/2 顆（100g）

橄欖油…適量

醬油…1 小匙

法國麵包…切薄的 1 片

水…1 杯

昆布茶粉…1/2 小匙

嫩豆腐…切薄的 1 片

1　洋蔥切薄片備用。

2　鍋中放入橄欖油，油熱後放入 1 的洋蔥用中火翻炒 5 分鐘。等洋蔥變成金黃色後轉弱火，加入醬油繼續炒 3 分鐘左右。

3　洋蔥炒至呈現焦糖色時，加入水並用昆布茶粉調味。

4　將 3 裝入耐熱容器中並放上一塊法國麵包及一片嫩豆腐，送入 230 度的烤箱烤 8 分鐘即告完成。

洋蔥與海苔的雙重效果！

# 海苔納豆湯

材料

洋蔥…1/4 顆（50g）

水…150ml

烤過的海苔…1 片

納豆…1 盒

醬油…多於 1 小匙

1　洋蔥切成薄片，海苔用手撕成適當大小備用。

2　鍋中放入水與 1 的洋蔥一起加熱。水開後轉弱火繼續煮 3 分鐘，等洋蔥變軟即可加入 1 的海苔並攪拌。

3　海苔融化在湯中，湯頭變成黑色時加入納豆與醬油調味後即可熄火。

糙米萃取物（GABA）有安眠效果

# 洋蔥糙米
# 高纖味噌湯

材料

洋蔥…大型 1/3 顆（80g）

糙米飯…2 大匙

焙煎白芝麻…1 大匙

水…100ml

味噌…2 小匙

1　洋蔥磨成泥備用。

2　鍋中放入 1 的洋蔥泥和糙米飯、焙煎芝麻以及水一起加熱。

3　煮開後轉弱火繼續燉煮 2 〜 3 分鐘後加入味噌調味即可。

# Case 8
# 有感冒徵兆時

畏寒發抖、四肢酸痛無力……「該不會感冒了吧？」
當這種時候，喝下一碗熱湯並早點上床休息是最好的。
將能讓溫暖身體，具有促進排汗作用的青蔥大量加入湯裡，
或是以富含維他命的南瓜入湯，
補充養分並提高抵抗力吧。
喝下熱熱的湯，在睡覺時出一身汗後，
可別忘了換上乾爽的衣服喔！

青蔥的硫化物成份治感冒很有效！

## 雙蔥即席味噌湯

材料
青蔥…5cm
洋蔥…1/6 顆（30g）
乾蘿蔔絲…1 把
水…150ml
味噌…2 小匙

1 青蔥與洋蔥都切碎，
乾蘿蔔絲洗淨切成
易於食用的大小。

2 所有材料放入鍋中
加熱煮開後熄火即可。

南瓜含有豐富維他命

# 南瓜豆漿暖暖湯

材料

南瓜…30g

洋蔥…1/6 顆（30g）

香菇…1 朵（20g）

無糖豆漿…1 杯

生薑泥…1/2 小匙

鹽…1/4 小匙

1　南瓜、洋蔥與香菇都切成 1cm 的方塊備用。

2　將 1 的蔬菜和豆漿一起入鍋加熱，煮開後轉弱火繼續燉煮 4 ～ 5 分鐘，等蔬菜變軟即可加入生薑泥與鹽調味後熄火。

# Case 9
# 髮質乾燥時

髮質乾燥除了吹整過度以及紫外線影響外，營養不足也往往是原因之一。
中醫認為「髮為血之餘」，人體攝取的養分會先行經全身利用，
最後有多餘的營養才輪到頭髮吸收。
換句話說，頭髮具有光澤正是身體健康的證明。
注重均衡營養之外，鐵質和蛋白質的攝取不足，
是造成髮質乾燥最大的原因，所以要特別加強攝取。

補充鐵質的美髮湯

## 菠菜豆腐咖哩湯

材料
菠菜…1/2 把（100g）
洋蔥…1/2 顆（100g）
生薑…1 塊
油…適量
咖哩粉…1 小匙
嫩豆腐…1/6 塊（50g）
水…1 杯
鹽…1/4 小匙

1　菠菜川燙過後切碎，洋蔥和生薑也切碎備用。

2　鍋中熱油後放入 1 的洋蔥和生薑拌炒，等洋蔥呈現光澤透明時加入水和 1 的菠菜繼續燉煮 3 ～ 4 分鐘，最後用食物處理機攪拌。

3　將 2 放回原鍋加熱，並加入咖哩粉與鹽調味，將切成易於食用大小的嫩豆腐放進去並略約加熱後即可享用。

蛋白質為頭髮帶來光澤！

# 焗烤湯

材料

蕃茄…1/2 顆（100g）

洋蔥…1/6 顆（30g）

水…100ml

無糖豆漿…100ml

太白粉…1/2 小匙

醬油…2 小匙

a｜嫩豆腐…1/6 塊（50g）

　｜豆漿…50ml

　｜白味噌…2/3 大匙

1　蕃茄切塊，洋蔥切碎備用。將 a 放入食物處理機攪拌成泥狀，加入醬油。

2　將 1 的蕃茄與洋蔥及水和豆漿、太白粉一起放入鍋中，等太白粉融化後開火加熱，煮開後轉弱火燉煮 3 分鐘。

3　將 2 裝入耐熱容器並加入 a 作成的泥醬，送入 240 度烤箱烤 10 分鐘即可。

# 週末特製
# 排毒湯食譜

## Saturday

**早餐**

排毒蔬菜湯

+

蘋果

### 星期六早晨的水果
### 最適合吃蘋果

早上以蔬菜湯和水果為身體補充維他命。蘋果含有鉀質與豐富纖維素，排毒效果絕佳。蘋果多酚還有預防脂肪聚積的效果，最適合週末進行排毒時食用。

**午餐**

排毒蔬菜湯

+

飯糰

### 午餐悠閒地享用
### 飯糰與蔬菜湯

午餐則以碳水化合物搭配蔬菜湯較佳。可吃 1～2 個飯糰，蔬菜湯也可不只喝一碗。依自己喜好想喝醬油調味或酸橘醋、味噌口味的湯都可以。不過比起白米飯糰，更建議食用糙米或雜糧米飯糰喔。

**晚餐**

排毒蔬菜湯

+

涼拌豆腐

### 涼拌豆腐可確實
### 補充蛋白質

晚餐只要攝取足夠的蛋白質，就能活化睡眠時分泌的成長荷爾蒙，提昇脂肪燃燒率，強健肌肉筋骨的效果也很好。週六夜晚就用蔬菜湯加豆腐來補充蛋白質吧！

明明想好好減肥，但平日週間卻因應酬和加班而打亂了飲食計畫。
即使是這樣的人，也還有一個秘密武器！那就是用排毒蔬菜食譜渡過整個週末。
利用週六週日兩天早中晚餐都只吃排毒蔬菜湯 + 另一種食物。
如此一來能讓週間不健康的腸胃獲得休養，排毒食材又能為身體帶來新的力量。
尤其是擔心體重直線上升的時候，週末好好努力兩天，一定能修正身體的軌道！

## Sunday

### 早餐

排毒蔬菜湯

＋

香蕉

**週日早晨就用香蕉和湯
給自己一個好的開始！**

週日早晨的水果適合食用香蕉。香蕉
含有豐富的維他命與礦物質，更重要
的是多量纖維素。對便秘的人來說是
不可多得的好食材，早餐一根香蕉，
湯要喝幾碗都沒問題。

### 午餐

排毒蔬菜湯

＋

法國麵包

**中午吃法國麵包
搭配奶油濃湯**

身體活動量大的白天，必須確實攝取
碳水化合物。週日中午可以選擇自己
喜歡的麵包，不過請避免牛角酥或丹
麥麵包等油份和糖份都過高的種類。
法國麵包或貝果會是很好的選擇。

### 晚餐

排毒蔬菜湯

＋

納豆

**晚餐吃納豆
補充蛋白質**

週日晚餐吃納豆來補充蛋白質吧。納
豆富含納豆激酶能分解血栓，具有清
淨血管的功效，排毒效果也很高。可
以分開食用，也可以將納豆加入湯中
一起吃。

國家圖書館出版品預行編目(CIP)資料

排毒蔬菜湯／庄司泉著；邱香凝翻譯.
-- 初版. -- 臺北市：笛藤, 2012.07
面；公分
ISBN 978-957-710-591-2(平裝)
1.食譜 2.湯 3.食療
427.1                                    101009221

DETOX VEGETABLE SOUP
© IZUMI SHOUJI 2011
Originally published in Japan in 2011 by
SHUFUNOTOMO CO.,LTD.
Chinese translation rights arranged through
TOHAN CORPORATION, TOKYO.

瘦身 · 美顏 · 健康

# 排毒蔬菜湯
detox vegetable soup

2012年7月22日 初版第1刷
著　　者：庄司泉
翻　　譯：邱香凝
封面 · 內頁排版：碼非創意
總 編 輯：賴巧凌
編　　輯：賴巧凌 · 林子鈺
發 行 所：笛藤出版圖書有限公司
地　　址：台北市萬華區中華路一段104號5樓
電　　話：(02)2388-7636
傳　　真：(02)2388-7639
總 經 銷：聯合發行股份有限公司
地　　址：新北市新店區寶橋路235巷6弄6號2樓
電　　話：(02)2917-8022 · (02)2917-8042
製 版 廠：造極彩色印刷製版股份有限公司
地　　址：新北市中和區中山路2段340巷36號
電　　話：(02)2240-0333 · (02)2248-3904
訂書郵撥帳戶：八方出版股份有限公司
訂書郵撥帳號：19809050

ISBN 978-957-710-591-2 定價260元